漫话

教育部全国综合防控儿童青少年近视专家宣讲团指定读物

隐形眼镜

审　阅　陈　浩　孙政基

主　编　毛欣杰　孙现强

副主编　刘新婷　朱英超

编　者（按姓氏笔画排序）

于　儒　毛沁雨　毛欣杰　朱英超

刘新婷　刘嘉鹤　孙现强　陈　平

卓　然　赵亦楠　滕艳艳

人民卫生出版社

·北京·

图书在版编目（CIP）数据

漫话隐形眼镜 / 毛欣杰，孙现强主编 . —北京：
人民卫生出版社，2021.5（2021.11重印）
ISBN 978-7-117-31566-1

Ⅰ.①漫…　Ⅱ.①毛…②孙…　Ⅲ.①角膜接触镜 —
普及读物　Ⅳ.①TS959.6-49

中国版本图书馆 CIP 数据核字（2021）第 085944 号

人卫智网	**www.ipmph.com**	医学教育、学术、考试、健康， 购书智慧智能综合服务平台
人卫官网	**www.pmph.com**	人卫官方资讯发布平台

漫话隐形眼镜
Manhua Yinxingyanjing

主　　编：毛欣杰　孙现强
出版发行：人民卫生出版社（中继线 010-59780011）
地　　址：北京市朝阳区潘家园南里 19 号
邮　　编：100021
E - mail：pmph @ pmph.com
购书热线：010-59787592　010-59787584　010-65264830
印　　刷：北京顶佳世纪印刷有限公司
经　　销：新华书店
开　　本：710×1000　1/16　印张：10
字　　数：207 千字
版　　次：2021 年 5 月第 1 版
印　　次：2021 年 11 月第 4 次印刷
标准书号：ISBN 978-7-117-31566-1
定　　价：56.00 元

序 漫话隐形眼镜

　　我曾经给过眼视光学专业领域一群非常活跃又非常杰出的年轻学子一个"标签"：真诚而有趣。毛欣杰主任就是"真诚并有趣"成员中的典型代表，他精明又略带拘谨、狡黠中充满善意、单纯笃定中时常蹦出冷幽默，让人忍俊不禁，这些有趣的特质在他这本眼健康科普的文笔中得以充分展示，捕获粉丝无数。

　　前几天，毛欣杰主任让我翻看他新主编的漫画书《漫话隐形眼镜》，并邀请我为此书作序，我迫不及待地先睹为快。翻读几页，我就爱不释手了。作品以色调温暖的漫画为表现手法，以有趣的故事作为线索，人物形象设计也很具体可爱，把原本晦涩的科学、安全配戴隐形眼镜注意事项，用非常通俗又充满生活气息的方式呈现出来，阅读时能感受到一股专业的"灵气"穿越而来。

　　儿童青少年近视问题非常严峻，引发大家关注，眼科专家和同道们都积极参与到近视防控的科普中，各种近视科普书籍相继问世，精彩纷呈。但是，聚焦隐形眼镜方面的漫画科普是我目前看到的第一本，而且这本书把隐形眼镜的科学知识用这么一种有温暖、有故事、有科学的漫画来进行诠释，尤其令人欣喜。毛欣杰主任专业工作之余致力于儿童青少年近视防控的科普工作，不仅通过多媒体视频的形式进行科普，还编写了多部科普书籍，包括主编《小象要戴眼镜啦》，参与编写《瞳瞳小朋友近视防控日记》《学习网课时如何科学用眼防控近视》等，新作《漫话隐形眼镜》应该是一部超越过去的力作。

　　我尤其喜爱《漫话隐形眼镜》中的绘图和文字布局，不多也不少，把重要的眼科知识和隐形眼镜验配知识，如眼部结构、什么是近视、如何近视控制，什么是软性隐形眼镜、彩色隐形眼镜、硬性隐形眼镜（RGP），什么人适合戴、怎么戴、怎么确保安全等囊括进去，又很自然地按照孩子和家长的思维逻辑来构架,读起来像小小说,适合小朋友读,也适合家长带着孩子一起读讲。

期待该漫画书的出版,能让更多的人正确认识并了解隐形眼镜,除了提高隐形眼镜配戴的安全性,还能够让隐形眼镜发挥更大的作用,帮助到更多的人,尤其是高度近视、远视、散光和屈光参差的人群,角膜外伤或角膜术后存在角膜不规则散光的人群,以及想摆脱框架眼镜束缚的爱美人士,隐形眼镜都是很好的选择!希望通过隐形眼镜科普知识的推广,能让更多人享受到光明的美好生活。

吕 帆

国家眼耳鼻喉疾病(眼部疾病)临床医学研究中心主任

亚洲角膜塑形和近视防控学会主席

中华医学会眼科分委会眼视光学组组长

2021 年 5 月

前言

漫话隐形眼镜

第一次知道隐形眼镜是在 20 世纪 90 年代初，在我刚读大学的城市杭州，开了第一家隐形眼镜专卖店，专卖店就在浙江医科大学旁边的庆春路上。大学要进行军训，我苦恼于自初中就开始戴着的眼镜，一有汗水眼镜就开始下滑，很不方便。于是我给家里写了信，向家人介绍了隐形眼镜，希望他们能"拨款"给我买一副用于军训。没想到家里竟然同意了，我就乐呵呵地拿着专款专用的钱去验配了人生第一副隐形眼镜，算是结缘了。

90 年代末，我在温州医科大学的眼视光学院读研，恰逢传说中国外的"OK 镜"（角膜塑形镜）进入中国，于是我做了学术生涯中的第一个课题——"角膜塑形镜配戴后的像差变化"。那时大家对角膜塑形镜的认识并不深入，只知道能"治"近视，全国医生一哄而上的结果是出现了严重的并发症问题，"OK 镜"不 OK 了。之后通过学术教育和科学研究，大家才充分认识到隐形眼镜更需要注意安全问题。之后有了更多科研工作的开展和继续教育的实施，大家对"OK 镜"有了更全面的认识，现在角膜塑形镜在近视防控方面的应用也逐渐进入健康发展的专业之路。

2002 年，我有机会参观了全球最大的硬性隐形眼镜生产厂家——目立康株式会社位于名古屋的工厂和研究所。这是一场奇妙的知识之旅，我见证了一片硬性隐形眼镜的制作过程，从最初的液体材料，经过聚合形成固体，再经历车床切削、抛光、消毒、包装等流程。最让人印象深刻的是有两个研究所，专门做隐形眼镜的各方面研究：如何更好、更舒服地配戴；如何让配戴更健康；如何让配戴者配戴隐形眼镜后看得更清晰。当时我就有了个想法，小小的一片隐形眼镜背后有这么多的科学家在研究，并且有这么多的相关知识值得被医生和大众去掌握，应该做些什么让更多的人来了解和使用它。这次，我们通过漫画的形式和更通俗易懂的语言，带大家一起进入并游览隐形眼镜的神秘知识世界，也算是完成了我当时的一个小心愿。

我国的近视发生率近年来有两个特点：逐年增加和低龄化，近视防控任重而道远，也成为国家的策略、政府的工作和眼科的热点。近视防控的有效手段其实并不多，多增加户外活动时间，减少近距离用眼的负担，隐形眼镜也成为主要并且重要的光学干预手段，如角膜塑形镜和多焦隐形眼镜。据调查，去年疫情期间，全国9省中小学生近视率增加了11.7%，可见即使有国家层面的重视和这些近视防控及干预的方法，近视率的下降仍是一项艰巨的任务。

大医治未病，与其下游补救，不如上游筑坝。近视防控的端口甚至要前移到0~6岁，"从小抓起"逐渐成为一种共识。怎么预防近视，科普显得非常重要，尤其是专业靠谱的、形式新颖的科普读物依旧比较稀缺。同时，也有更多的眼科医生加入科普宣传的队伍里，因为在近视防控的工作中，他们发现除了临床诊治外，科普宣教也应该成为专业工作的重要组成部分。大众科普的工作还需要得到社会更多的支持，此次漫画形式的科普读物的出版也得到了专业眼科医生的参与，以及全国儿童青少年近视防控专家宣讲团、温州医科大学附属眼视光医院、大连板桥医疗器械有限公司等的大力支持，一并感谢！众人拾柴火焰高，人人都来做眼健康科普的推广员，共同呵护好孩子的眼睛，让他们拥有一个光明的未来！

毛欣杰

温州医科大学附属眼视光医院

上海市东方医院眼科

2021年5月

目录　漫话隐形眼镜

第1篇

神奇的视觉

目晰，妈妈出去了，你们在家里要好好相处哦！

——眯眼

立夏，你戴了眼镜，还看不清楚吗？

看，如果焦距正常，就会很清晰。

若焦距过大或过小，都拍不出清晰的照片呢！

屈光不正主要表现在三个方面：近视、远视和散光。相同场景下，正常眼、近视眼、远视眼和散光眼看到的景象都不同。

眼睛也是一样的，在眼部（调节）放松状态下，远处物体的光线进入眼内后能精确聚焦在视网膜黄斑中心凹上，眼睛能看到清晰的图像，就是正视眼；光线不能精确聚焦在视网膜黄斑中心凹上，眼睛不能看到清晰的图像，就是屈光不正。

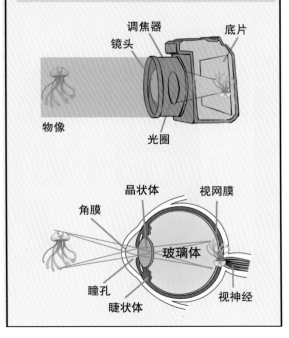

调焦器

镜头

底片

物像

光圈

晶状体

视网膜

角膜

玻璃体

瞳孔

睫状体

视神经

康博士小课堂 第1篇

各位好！我是康博士，感谢大家喜欢《漫话隐形眼镜》。接下来"康博士小课堂"继续分享隐形眼镜相关的知识给大家，敲黑板！要记住哦！

1. 眼球的结构是怎样的呢？

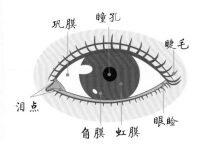

我们看到的眼睛的外观，由上下眼睑、角膜、巩膜、虹膜、瞳孔和结膜构成。

我们的眼球近似球形，成年人眼球直径约为2.5cm。其中充满透明凝胶状的物质叫作玻璃体。在眼球的最前面由外至内是角膜、瞳孔、虹膜、晶状体，以及由视网膜包裹着前面的玻璃体。

角膜 在眼睛中央，是外界光线进入眼内的窗户，屈光力最大。

角膜后面有色部分的组织是 虹膜 （俗称"黑眼球"），中国人多为棕褐色，就是为什么我们说"黑眼球"了。

虹膜中央的圆孔叫 瞳孔，可以调节光线强弱，光线通过角膜、瞳孔进入眼睛。

维持眼球形态的组织叫 巩膜 （俗称"白眼球"），保护眼内组织。

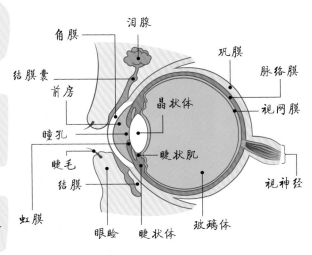

眼睑 作为眼球的保护屏障，使其免受外界伤害，瞬目时将泪液涂布到眼表。泪液湿润眼球前表面，防止角膜、结膜干燥，供给角膜氧气，冲洗抵御眼球表面异物和微生物。

2. 屈光不正的人多吗?

我们来看一下研究报告

　　北京大学中国健康发展研究中心发布的《国民视觉健康报告》称:我国高中生和大学生的近视患病率都超过70%,青少年近视患病率已经高居世界第一位。

　　研究显示,2012年我国5岁以上总人口中,近视和远视的患病人数大约5亿,其中近视的总患病人数在4.5亿左右,患有高度近视的总人口高达3000万。

　　其中近视发病率增长最快的是青少年时期,女孩7~12岁,男孩7~14岁,要特别注意保护好自己的眼睛。

3. 屈光不正是如何产生、发展的?

① 什么是正视眼?

　　在眼部(调节)放松状态下,远处光线进入眼内后能精确聚焦在视网膜黄斑中心凹上,能看到清晰的图像,就是正视眼。

② 屈光不正的分类

近视眼

由于眼轴过长,或角膜或晶状体表面弯曲度过强,而成像在视网膜前,我们称为近视。表现为视远模糊。

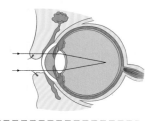

远视眼

由于眼轴过短,或眼球屈光系统中屈光体的表面弯曲度较平,而成像在视网膜后,我们称为远视。高度远视眼可表现为视近、视远均模糊。

＊远视眼因为眼轴短,晶状体处于调节状态而引起视疲劳。

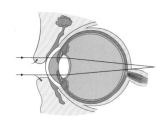

散光眼

外界光线不能在视网膜上形成单一焦点的称为散光。是由于角膜水平方向和垂直方向的曲率不同引起的。表现为视物模糊和畸变。

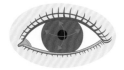

③屈光不正"眼里"的世界

康博士，屈光不正的"眼里"看到的是什么样子啊？

以这棵树为例子，你看这是近视眼、远视眼、散光眼看到的视觉效果。

视力正常

近视眼

远视眼

顺规散光

逆规散光

④怎样才能矫正？

康博士，那我应该怎么矫正我的眼睛呢？

我给你科普一下各类屈光不正的矫正方法，大家要记牢哦！

近视眼的矫正

近视镜是凹透镜（负透镜），置于眼前将光线发散，使物体成像在视网膜上。

远视眼的矫正

远视镜是凸透镜（正透镜），置于眼前将光线会聚，使物体成像在视网膜上。

散光眼的矫正

简单来说，散光眼使用柱镜进行矫正，实际镜片的形态要比这复杂得多。

负柱镜

正柱镜

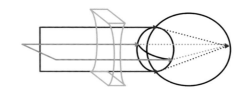

可是我还是不想戴眼镜。

立夏你为什么不想戴眼镜啊?

我一直很喜欢跳芭蕾,每天都在努力练习。

舞蹈老师说,舞台上的舞者必须是完美的。

戴上这个框框的我一点儿也不完美……

可是我摘掉眼镜就看不清楚了,已经严重影响舞蹈训练了。

康博士小课堂 第2篇

刚才的故事中我们提到的近视防控是当今社会的热门话题，让我们一起来学习吧！

1. 控制近视眼的主要方法

①改善用眼环境

②养成良好用眼习惯

③光学矫正方法

④药物方法

目前公认可作为近视控制手段的光学方法：离焦框架眼镜、角膜塑形镜和多焦点软性隐形眼镜；药物方法：阿托品滴眼液。

※中浓度阿托品和高浓度阿托品虽然有较好的效果，同时也有较高的风险。近年来，角膜塑形镜成为近视防控的极佳手段。

2. 角膜塑形镜与近视防控

① 什么是角膜塑形镜?

角膜塑形镜,是一种采用特殊逆几何形态设计的硬性透气性接触镜。镜片设计产生的流体力学效应能改变 角膜几何形态,对称地、渐进地改变角膜中央表面形状。通过配戴塑形镜,使角膜中央区域的弧度在一定范围内变平,从而暂时性降低一定量的近视度数,是一种可逆性非手术的 物理矫形 治疗方法。

配戴角膜塑形镜一般建议8岁以上,具有一定自理能力的近视散光人群。

② 角膜塑形镜近视防控的机制

角膜塑形镜以 抑制 眼轴增长 为作用机制。视网膜周边离焦会影响眼轴增长和近视发展。一般我们在使用普通框架眼镜和隐形眼镜进行近视矫正时,在周边视网膜会产生 远视性离焦,而塑形镜的设计可以使角膜中周边部的屈光力增强而改善远视性离焦,因此被认为有防控效果。

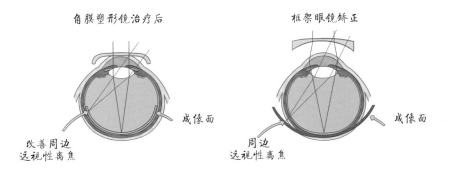

角膜塑形镜治疗后　　　　　　　　框架眼镜矫正

成像面　　　　　　　　　　成像面

改善周边　　　　　　　周边
远视性离焦　　　　　远视性离焦

第3篇
先来认识一下隐形眼镜

我有些迫不及待了呢！

立夏，你了解隐形眼镜吗？

不了解呀，博士爷爷您能给我讲讲吗？

让脑容量最最最大的我来为你科普一下！

原来是这样呀，那她们和我一样，觉得戴眼镜不好看吗？

不是的，隐形眼镜除了美观，还有很多优点，比方说——

第一，视野更加广阔。

配戴框架眼镜

框架限制，120°

配戴隐形眼镜

无限制，170°

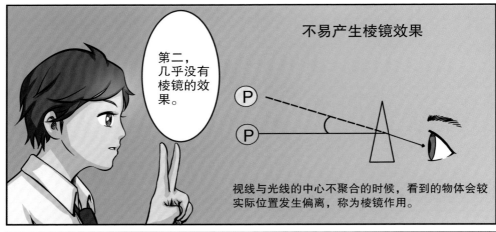

第二，几乎没有棱镜的效果。

不易产生棱镜效果

视线与光线的中心不聚合的时候，看到的物体会较实际位置发生偏离，称为棱镜作用。

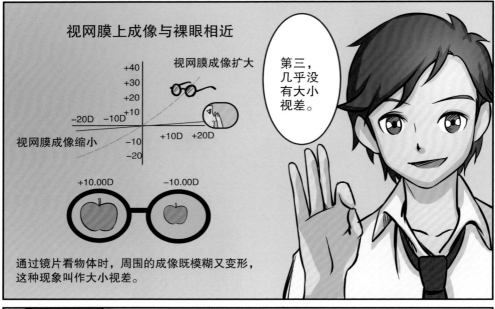

第三，几乎没有大小视差。

视网膜上成像与裸眼相近

视网膜成像扩大

视网膜成像缩小

通过镜片看物体时，周围的成像既模糊又变形，这种现象叫作大小视差。

第四，硬性日戴隐形眼镜能够矫正圆锥角膜、不规则散光等疑难问题。

能对应不规则角膜眼

圆锥角膜　　不规则散光

因为不规则角膜眼的角膜表面是不规则形态，光线入眼形成漫反射，焦点不能聚焦于视网膜上。配戴材质硬的硬性隐形眼镜，在角膜和镜片之间形成泪液层，使焦点聚焦于视网膜上。

立夏，你了解了隐形眼镜之后，还想配隐形眼镜吗？

对我来说都是"小菜一碟"啦！

那你明天和父母一起来研究所配镜吧。

康博士小课堂 第3篇

朋友们，你们知道立夏为什么不喜欢戴框架眼镜吗？其实，框架眼镜和隐形眼镜都是各有优缺点的，知识点已整理在下面了，赶快来比较一下吧！

1. 框架眼镜

框架眼镜是矫正眼球屈光、保护眼睛健康和提高视觉功能的一种医疗器具，被誉为"光学药物"。它是屈光矫正方法中发展最早且相对安全的一种，因此目前仍是大多数人的首选。

优点：

1.在视力矫正的同时，配戴舒适，摘取方便，经济。

2.不直接与角膜接触，对眼睛没有侵害，不会引起任何角膜并发症。

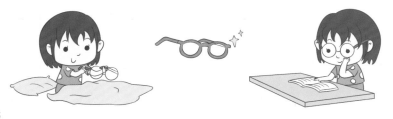

缺点：

1.对于高度近视、高度远视、高度散光、屈光参差等患者矫正效果不够理想。

2.存在各种像差、视野缩小。

3.温差导致镜片起雾。

2. 隐形眼镜

　　隐形眼镜相对于框架最大的不同是：镜片和角膜相接触，隐形眼镜和角膜组成一个 光学系统，在成像质量、视力、放大率、视野、矫正散光等方面有独特光学性能，可改变眼球视觉功能。

优点：

1. 外观上不易察觉，容易被人接受，也可用于美容。

2. 视野开阔，运动时便利，适合某些从事特殊职业的人群。

3. 消除框架眼镜产生的棱镜效应及斜向散光，缩小两眼物像的放大差距。

4. 硬镜可矫正角膜表面不规则散光。

5. 可作为药物载体，在角膜上慢慢释放药物，用于治疗某些角膜疾病。

缺点：

1. 初期配戴有异物感，需要一段时间适应。

2. 摘戴较框架眼镜烦琐，需要定期更换。

3. 对日常护理有要求。

第4篇
隐形眼镜的"家族成员"

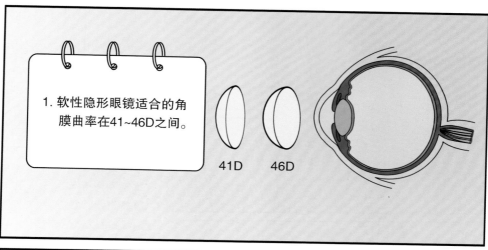

1. 软性隐形眼镜适合的角膜曲率在41~46D之间。

41D 46D

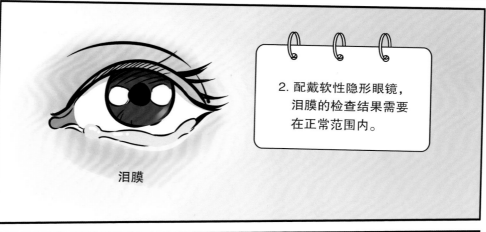

2. 配戴软性隐形眼镜，泪膜的检查结果需要在正常范围内。

泪膜

3. 配戴软性隐形眼镜需要确认角膜、结膜和眼睑的健康程度，能够正常完成眨眼动作。

我记得，必须符合三个条件。

年龄需8岁以上、有一定自理能力的近视散光患者。

理想的屈光矫正范围在–0.75D至–6.00D。

角膜的形态规则，角膜散光不超过2.00D并且没有合并其他眼部疾病。

这你都还记得？

我陪目晰去配的镜，当然记得清清楚楚喽！

康博士也推荐立夏戴角膜塑形镜吗？

因为立夏的近视度数高，所以博士推荐立夏配日戴型硬性隐形眼镜，就是RGP隐形眼镜。

哪些人适合这种镜片？

在这里。

1. 屈光不正的人，特别是高度近视、高度远视、屈光参差等，可以选择配戴RGP隐形眼镜，提高美观性。

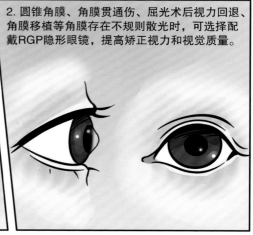

2. 圆锥角膜、角膜贯通伤、屈光术后视力回退、角膜移植等角膜存在不规则散光时，可选择配戴RGP隐形眼镜，提高矫正视力和视觉质量。

3. 先天性白内障的儿童，术后未植入人工晶状体，推荐配戴RGP隐形眼镜，促进视觉发育。

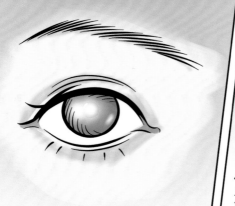

4. 长期戴软镜的人，出现角膜缺氧、角膜新生血管等问题，又不想配戴框架眼镜，也可以配戴RGP隐形眼镜提高安全性。

妈妈，周末你陪我去博士爷爷那里，好不好？

好。我们去看看博览会，我也想配一副隐形眼镜。

康博士小课堂　第4篇

　　现在，隐形眼镜已经被越来越多的人接受，但在验配前也需要进行正规检查，符合条件才可以安全验配。而且，不同的隐形眼镜的适用人群也不同。让我们来看看你最适合什么类型的隐形眼镜吧！

1. 配戴隐形眼镜的条件

①角膜曲率需要在41~46D之间。

②泪膜检查结果在正常范围内。

③角膜和结膜需要完整，眼部状态正常。

2. 隐形眼镜的适用人群

1. 软性隐形眼镜的适用人群

① 一般性近视、远视、散光、屈光参差。

② 白内障术后的无晶状体眼患者。

③ 工作生活中想戴镜起到美观作用的人群。

2. RGP隐形眼镜适用人群

① 一般软镜适应人群。

② 高度近视、远视、散光和不规则散光者可优先考虑选择。

③ 眼部受过外伤或手术后屈光异常的患者。

④ 长期配戴软镜后，出现严重缺氧反应而又想配戴接触镜的人群。

3. 角膜塑形镜适用人群

① 配戴塑形镜建议8岁以上，未成年人需要有家长监护。

② 想要矫正效果良好，屈光矫正范围应该在-0.75～-6.00D，角膜顺规散光小于1.50D。

③ 理想验配的角膜曲率需要在42～46D之间。

④ 需要依从性比较好，按照医师的嘱咐认真护理，并且能定期复查。

⑤ 从事工作不适宜配戴框架镜、日戴型隐形眼镜的中低度近视人群。

第5篇
软性隐形眼镜选择技巧
和应急处理

我们来找康博士。

眼科问题
高端交流峰会

凭证入内

对不起，没有参会证件禁止入内。

看来只好让康博士来接我们了。

好了，康博士说他马上来。

入口

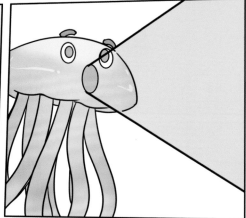

1. 如果每天戴镜时都出现疼痛不适，可能有以下几种情况导致：

镜片清洗不充分　　　　有破损或划痕　　　　眼角膜受伤

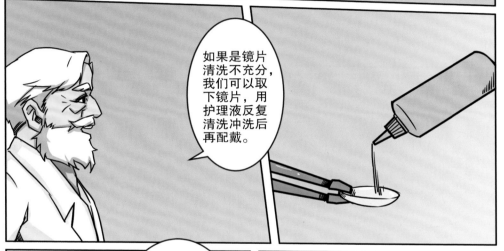

如果是镜片清洗不充分，我们可以取下镜片，用护理液反复清洗冲洗后再配戴。

镜片的划痕、破损和眼部问题需要到医院就诊，听从医生指导。

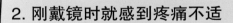

2. 刚戴镜时就感到疼痛不适

5. 戴镜中突然充血

可能由于镜片裂痕、污染物和体感疲倦等原因而产生。

我们要尽量减少配戴时间，让眼睛得到休息。严重时要到医院就诊。

6. 摘镜后感到疼痛

配戴不当和镜片摘取不当都可能导致摘镜后的疼痛感。

我们要掌握正确的摘戴方法，缩短配戴时间。

7. 镜片模糊看不清

E

镜片有污染物、镜片干燥、配戴时间过长和眼角膜受伤等，都可能导致镜片模糊看不清。

我们要在平时配戴时，增加眨眼次数让眼表湿润。

有污染物的话，可将镜片取下，用护理液充分清洗、冲洗镜片后再配戴。

应急处理后，如果症状没有缓解，要尽快咨询眼科医生。

康博士小课堂 第5篇

接下来教你们如何选择一副适合自己的软性隐形眼镜，还有，可不是什么情况都可以配戴它的哦，具体来看下面的内容吧！

1. 如何选择软性隐形眼镜？

镜片材质	传统低透氧的水凝胶隐形眼镜 高透氧的硅水凝胶隐形眼镜
使用周期	传统：年抛、半年抛、季抛 定期更换式：双周抛、月抛 抛弃式：日抛
光学设计	球面镜片、散光镜片、 离焦型镜片、多焦点型镜片
功能性	普通光学矫正镜片 彩色美容型镜片
含水量	低含水量、中含水量、 高含水量镜片

康博士，我想购买一副-4.00D的软性隐形眼镜，用于日常电脑工作。

一般近视患者选择球面镜片，由于电脑工作者都患有不同程度干眼，建议低含水量镜片。

不想日常花费时间护理，但又怕影响眼睛的健康。

抛弃式隐形眼镜等于一次性镜片，无须任何护理产品，高透氧的硅水凝胶镜片对眼部损伤会更小哦！

小贴士：含水量越高的镜片配戴感越舒适，但含水量高的镜片更容易导致干眼，眼睛较为干涩的人群选择低含水量的镜片更为适合。

2. 什么情况不能配戴隐形眼镜?

康博士，我可以一直戴着隐形眼镜吗，有什么情况不能戴吗？

这个大家要记住，隐形眼镜配戴是要看具体情况的，不是什么时候都能戴。

①游泳的时候

②感冒发烧的时候

③剧烈运动，存在被撞击风险时

④孕期女性

⑤全身系统性疾病者

⑥工作生活环境恶劣者

⑦卫生习惯不佳者

慢慢向前看，直到镜片位于角膜中心，慢慢放下眼睑。

将镜片放入眼睛时，注意让镜片轻轻吸附在角膜上，不要过于用力。

也可以闭上眼睛上下左右转动眼球帮助定位。

如果镜片中心定位不佳，戴镜后有气泡或者起皱褶，可以闭上眼睛轻轻按摩眼睑。

你看，很简单吧！

嗯嗯！

用清水把手洗干净，将镜片置于掌心。

滴4~5滴专用护理液，用指腹轻轻揉搓镜片。

清洗干净后，用专用护理液充分冲洗。

下一个问题，软性隐形眼镜怎样保存呢？

目晰你来说说看。

镜片洗净后，用专用护理液充分地冲洗后保存。

镜盒中的专用护理液需要每天更换。

还有，镜片的凸面朝下放入镜盒中。

不要弄错左右眼。

还要将瓶盖固定拧紧。

康博士小课堂 第6篇

　　朋友们，在配戴软镜前还有很多需要注意的知识点，掌握它们你们才能安全戴镜，如果想避免前面故事中的小男孩镜片戴反事件，就赶快来认真学习吧！

1. 软性隐形眼镜操作的基本要求

为了大家的用眼安全，我们要规范操作时的用眼卫生：

①干净的手很重要，在戴镜前需要通过七步洗手法充分洗净双手。

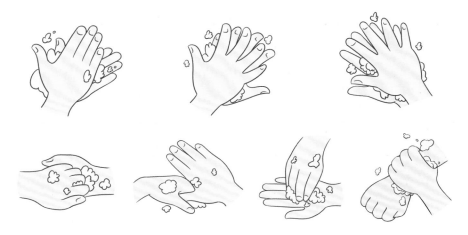

②干净的护理器具是保证镜片可以入眼的重要前提条件。

③镜片在护理过程中不能使用自来水、凉开水或未经市场销售的生理盐水，要使用专用的护理液来进行护理。

2.镜片正反面确认

在戴镜前，操作者需对镜片正反面进行确认后再进行配戴，镜片戴反会影响视力，可能还伴有强烈的异物感甚至无法忍受。确认方法有如下三种：

①侧面观察

将镜片凹面放置在示指前端，在侧方观察镜片整体，凹面成碗状，为正确方向；凹面成盘状，为错误方向。

正确方向　　　　　　　　　　　　　　错误方向

②贝壳试验

如果侧面观察无法判断的情况下，可用两只手指轻轻捏起镜片中央对折，如镜片折叠成贝壳状，则为正确方向；如镜片边缘会分开，则为错误方向。

正确方向　　　　　　　　　　　　　　错误方向

③镜片标识

很多厂家在生产过程中会在镜片上印上标志，可利用其标志位置辨认正反面。

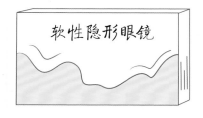

软性隐形眼镜

第7篇

让眼睛"变色"的彩色
隐形眼镜

博士您好，我是立夏的妈妈，昨天立夏给您添麻烦了。

哪里哪里，举手之劳。

立夏的近视度数增高了，应该重新配镜了。

是，我们正准备来拜访您咨询配镜的事。

当然可以，博览会结束后，去研究所检查一下吧。

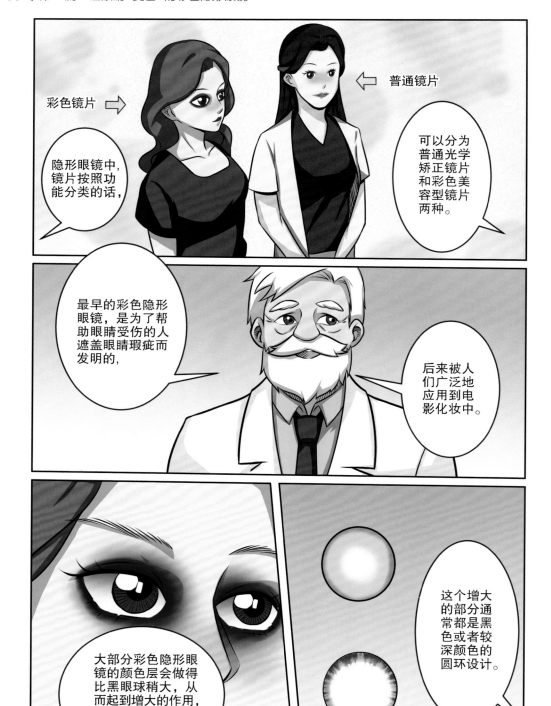

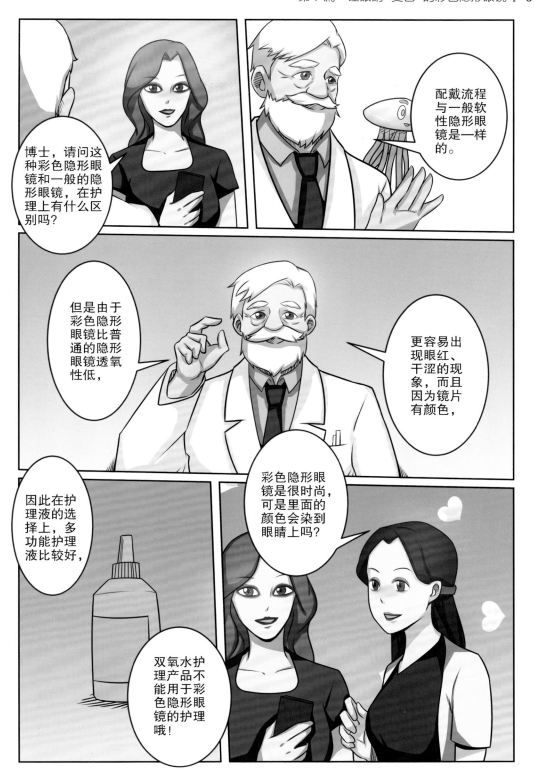

悦悦姐，不要给立夏讲这些经验啊！

当然啦，等立夏再长大一些，我再教教她吧！

这种彩色隐形眼镜该怎么挑选呢？

彩色镜片的选择，是在普通软性隐形眼镜选择方法的基础上，再选择不同"颜色"。

我朋友到了，先走一步，大家再见！

康博士小课堂 第7篇

很多爱美人士都选择配戴彩色隐形眼镜来改变自己虹膜的花纹和颜色。选择合适的彩色隐形眼镜不仅可以改变虹膜颜色，还可以提升气质且有眼睛放大的视觉效果。在选择和配戴彩色隐形眼镜前，告诉大家一些要了解的小知识。

1. 如何选择合适的彩色隐形眼镜（俗称：彩片）？

① 正常人的角膜平均直径约为11.5~12mm，因此选择镜片直径14mm左右较为合适。我们在市场上所见的大多是13.8mm、14.0mm、14.2mm的直径，这个范围内的适应度也是最广的。不过现在彩色隐形眼镜作为增大眼睛的装饰品，消费者愿意选择更大直径的，直径14.5mm对于亚洲人来说已经是大直径，更大的直径不建议配戴。

② 与选择透明隐形眼镜一样，选择彩色隐形眼镜也需要对镜片的材质、使用周期、含水量进行选择。根据自己的需求来选择最适合自己的。

③ 彩色隐形眼镜有很多种颜色，常见色为黑色、棕色、蓝色、紫色、绿色、灰色等，这些不同的颜色又分出了很多不同程度的颜色，有很多人为了追求新颖去买一些红色、白色、粉色等新奇的颜色，这些颜色可以在特殊妆容时使用。黑色和棕色则是日常用色，看起来既美观，又很自然。

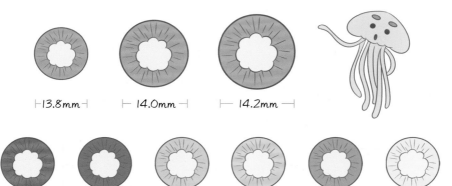

├13.8mm┤ ├14.0mm┤ ├14.2mm┤

④购买彩色隐形眼镜一定要找正规的眼镜店或者是商家,隐形眼镜属于医疗用品,购买隐形眼镜时必须选择正规的经营机构(须有三类医疗器械经营许可证)。目前网上销售的所谓进口彩片,许多都是没有经营许可证的商家,有的消费者贪图便宜购买方便,却付出了伤害眼睛的代价。

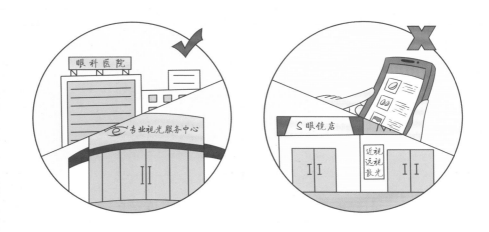

⑤彩色隐形眼镜的工艺也分多种,有部分镜片将颜料层镀在镜片前、后表面,角膜有被染色的风险。目前市面上最安全的要属"三明治"工艺。它是指图案印刷颜料层被隔离于两片镜片之间,从而保障镜片表面的平滑和服帖,让有损健康的色素层完全接触不到角膜。

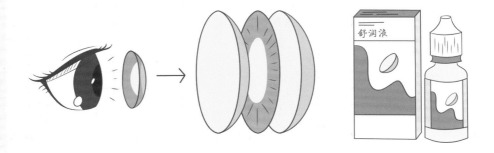

博士在诊室里看书呢，里面请！

博士爷爷，我爸妈陪我来啦！

你们好，是给立夏来配眼镜的吧？

是，配镜前我还有些问题想咨询您。

好，请跟我到这边来。

硬性隐形眼镜的材料透氧系数很高，

安全性上可以无须担心。在医院验配也是保证配戴时的安全。

立夏适合配戴的RGP隐形眼镜，优点是镜片小、活动度好、泪液交换好、配戴起来更加安全。

镜片需要定期护理，工作人员会教会你们护理方法。

您说的泪液交换好，是什么意思呢？

泪液交换好，意味着可以不断地将镜片与角膜之间的泪液交换掉，泪水将眼睛里代谢出的脏东西都带出来，降低眼睛发炎的可能性，配戴更加安全。

高度近视、高度远视、高度散光的人群。

不想配戴软性隐形眼镜的人。

RGP隐形眼镜适用范围很广，这些人都可以使用不同设计的RGP隐形眼镜来提高视力。

但是也有不适合戴RGP隐形眼镜的人。

经过眼科医生判断不能配戴RGP隐形眼镜的眼病患者、全身性疾病患者和对RGP隐形眼镜材料有过敏史的人。

不能按照要求使用和护理RGP隐形眼镜的人。

个人卫生条件不具备配戴RGP隐形眼镜所必需的卫生条件。

不能定期进行眼部检查的人。

康博士，立夏的基础检查做好了。

康博士，我们想要给立夏配RGP隐形眼镜。

好，跟我过来这边。我们还需要做进一步的检查。

康博士小课堂 第8篇

很多朋友还不明白，为什么RGP隐形眼镜的价格相对软镜高，还没有软镜初戴时适应时间短，还会有很多人选择它呢？当然是因为它有软镜代替不了的优点哦！

1. RGP隐形眼镜的优点

①屈光矫正效果好，视觉质量高

RGP隐形眼镜的形态稳定，与框架相比减少像差、增加视野，与软性隐形眼镜相比，泪液镜可充分发挥作用，对高度屈光不正、角膜散光、不规则散光矫正效果良好，所以成像质量高。

②安全性高，不易沉积污染物

RGP隐形眼镜材料透氧性高,不会干扰角膜正常的生理代谢,极少引起角膜感染,更适合长期配戴。

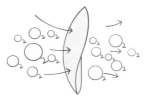

2. 哪些人不适合配戴RGP隐形眼镜?

①患有各种眼部疾病：如眼部急性或慢性炎症、青光眼、角膜知觉异常、角膜上皮缺失、角膜内皮细胞减少、干眼等，经过眼科医生判断为不能配戴者。

②患有可能影响眼部的全身性疾病，经眼科医师判断不能配戴者。

③有隐形眼镜过敏史或隐形眼镜护理产品过敏史，经眼科医师判断不能配戴者。

④生活或工作环境不适宜配戴硬性角膜接触镜，例如空气中弥散粉尘、药品、气雾剂（如发胶、挥发性化学物）、灰尘等。

⑤不能按照要求使用和护理硬性隐形眼镜者。

⑥不能定期进行眼部检查者。

⑦个人卫生条件不具备配戴硬性隐形眼镜所必需的卫生条件者。

第9篇

探秘硬性隐形眼镜的
验配过程

好吧，听你的。

立夏在这里坐一会儿，记住脸朝前向下看。

这样会更快适应，也会更舒适。

当你觉得适应的时候再慢慢将视线调整向正前方看。

对，做得真好!

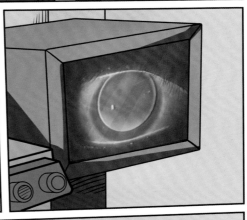

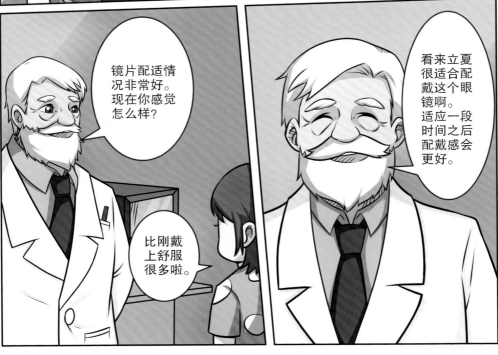

从立夏目前的检查结果来看，她很适合配戴RGP隐形眼镜。

首先，立夏的适应情况很好，她很配合配戴。

其次，她配戴眼镜的视力也有所提高。我推荐她配戴日戴型的硬性隐形眼镜——RGP隐形眼镜。

那立夏你觉得呢？你要戴这个眼镜吗？

妈妈，我想戴这个眼镜。

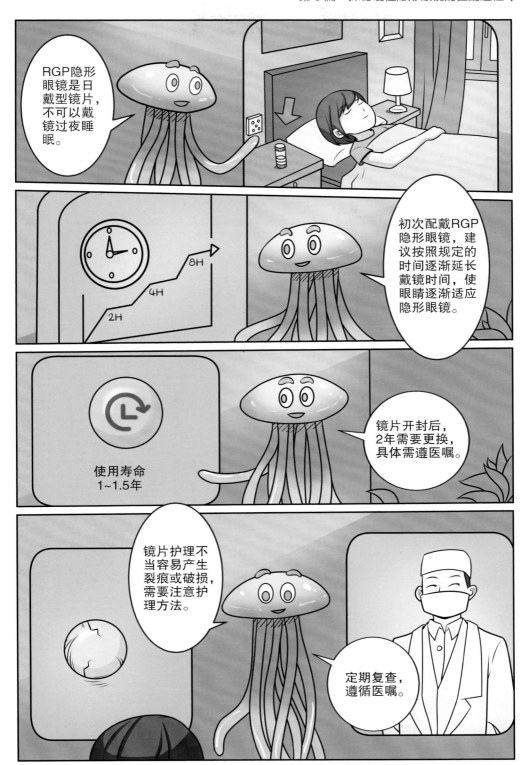

第10篇

硬性隐形眼镜的科学使用方法

您看，这是立夏的镜片。

左右眼的参数我们核对过，现在给您拆封镜片。

比我买的软性隐形眼镜小了好多，材料看上去也硬了一些。

是的，硬性隐形眼镜和软性隐形眼镜的材质和设计都不同，所以摘戴方法上也有区别。

摘戴RGP隐形眼镜前需要将指甲剪短、修剪光滑。接触镜片前，用香皂洗手，自然晾干或用无屑纸擦干手指。

选择在清洁、明亮的场所摘戴镜片。

戴镜前请先确认左眼及右眼镜片，

避免同时打开左右眼镜盒。

轻轻拉开上眼睑，手指横向或向耳侧上方拉动也能摘下镜片的。

摘下镜片之后，需要怎么做呢？

我现在告诉您镜片护理的操作，每天戴镜前和摘下镜片后都需要这样做。

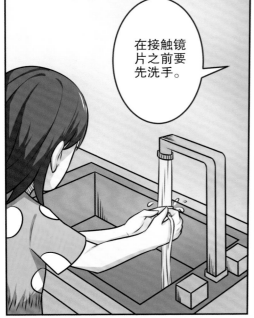

在接触镜片之前要先洗手。

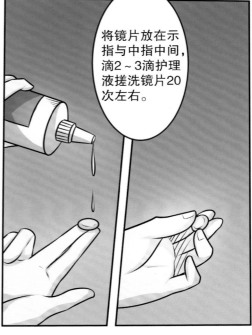

将镜片放在示指与中指中间，滴2～3滴护理液搓洗镜片20次左右。

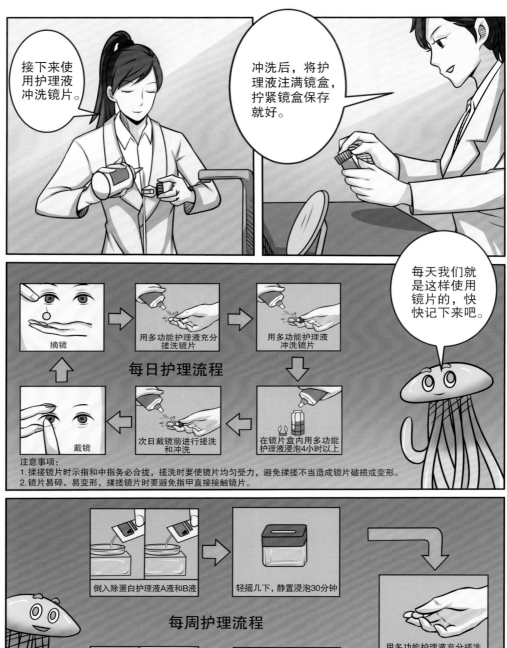

每日护理流程

注意事项：
1.揉搓镜片时示指和中指务必合拢，搓洗时要使镜片均匀受力，避免揉搓不当造成镜片破损或变形。
2.镜片易碎、易变形，揉搓镜片时要避免指甲直接接触镜片。

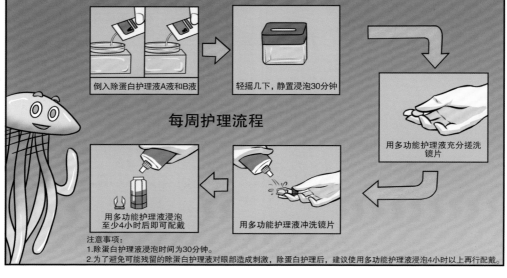

每周护理流程

注意事项：
1.除蛋白护理液浸泡时间为30分钟。
2.为了避免可能残留的除蛋白护理液对眼部造成刺激，除蛋白护理后，建议使用多功能护理液浸泡4小时以上再行配戴。

1. 每天配戴中感到眼睛疼痛

一种情况是镜片清洗不干净，有污垢残留。

还有可能是镜片上有划痕或破损，角膜上有损伤，基弧不匹配都有可能导致配戴中感到眼睛疼痛。

遇到这样的问题，先用护理液仔细地清洗镜片2~3回，再次戴镜。

2. 配戴后立刻感觉眼睛疼痛

L?R?

污垢或异物

出现这样的问题，要确认镜片上是否有污垢、异物，左右眼镜片是否戴反。

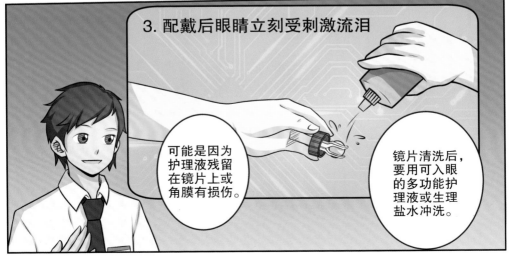

3. 配戴后眼睛立刻受刺激流泪

可能是因为护理液残留在镜片上或角膜有损伤。

镜片清洗后，要用可入眼的多功能护理液或生理盐水冲洗。

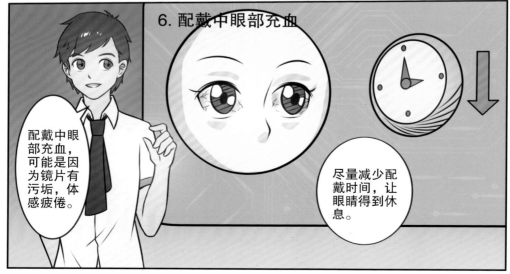

康博士小课堂 第10篇

各位好！接下来康博士继续分享隐形眼镜相关的知识给大家，小课堂这次说一下硬性隐形眼镜（包括RGP隐形眼镜）护理的注意事项，以及硬性隐形眼镜的常见问题，敲黑板！要记住哦！

1. 硬性隐形眼镜护理的注意事项

康博士，那硬性隐形眼镜也需要护理吗？

对的，和软性隐形眼镜一样，也是需要护理的，给大家说一下硬性隐形眼镜的护理事项。

①护理液需在有效期内使用，开瓶使用后3个月没有用完，需连瓶丢弃。储存盒内护理液也应及时倒干净，不可重复循环使用，每天需要更换新鲜的护理液，做到使用一次镜片更换一次护理液。

②保存镜片的镜盒建议每月更换新的，吸棒三个月更换一次。

③吸棒用完需要清洗，干燥放置以免发霉。

④镜片中断配戴时，根据不同的镜片品种有不同的储存方式。

A.原包装是干燥保存的：镜片洗干净后使其保持干燥放入干燥盒中。

B.原包装为液体保存的：请将镜片洗净后注入护理液保存，每月至少浸泡一次。液体保存时请注意不要超过护理液开瓶保质时间。

⑤液体包装的镜片保存液在镜片开封后不可再用。

⑥不要加热护理液，这样会让护理液失效。

⑦不要让镜片接触热水，或放置于高温场所（如夏天的车内）。镜片的耐热程度较低，可能会产生翻转或变形。

⑧请不要用指甲、纸、布、眼镜布等物品擦拭镜片，可能引起镜片划伤、污染或变形。

⑨请勿让镜片接触化妆品、护手霜、发胶、药品或油类。镜片可能会变质、模糊不清而无法使用。还可能会引起眼睛充血，从而不得不停止配戴。

⑩洗头或洗脸时，请注意不要将洗发水或香皂等弄进眼睛里。洗发水或香皂等物质接触镜片，可能会引起镜片模糊不清。

2. 硬性隐形眼镜常见问题及注意事项

①如果感觉眼睛干燥，眨眼后无缓解，请使用润眼液。

②在风沙大、灰尘多的环境中或外出时，最好戴一副品质好的太阳镜或平光镜。以防止风沙及刺眼的阳光。

③灰尘入眼引起不舒服（走在路上或坐在家里，眼睛突然的刺痛流泪），处理方法：有条件的情况下摘下眼镜重新清洗后再配戴，如没有条件，一定不能揉眼，眼睛往下看，让分泌出的泪水把脏东西冲出来就好了。

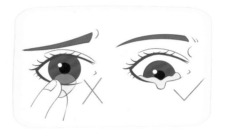

⑤冬季温度较低，清洗镜片时注意先温暖手，再操作镜片，因为冬季低温下，镜片可能会变得更脆，而手指常常冻得不能活动自如，在这样的情况下操作，会增加镜片由于操作不当导致的清洗不净或破损。

④北方地区冬季温度低，护理液和镜片在室外可能会结冰，无需担心，可将结冰的产品放置室内常温下正常自然融化，融化后不影响正常使用。

⑥无论镜片戴起来有多舒适，开封2年后都需要更换，具体需遵医嘱。

⑦请小心使用镜片，镜片很容易被划伤或破损。另外，如果操作不当，镜片还可能翻转，配戴前务必仔细确认。

⑧使用眼药水时，请听从眼科医生的指示，有些眼药水的成分可能会对镜片造成不良影响。

⑨为确保镜片保持干净，不影响配戴，请至少每两周进行一次除蛋白护理。

哇，博士爷爷，不知不觉学了这么多知识，现在我一点儿都不害怕戴隐形眼镜了！

找到适合自己的隐形眼镜，掌握隐形眼镜的正确使用方法，每个小朋友都能安全地配戴隐形眼镜。

那就和大家说再见哦！小课堂知识点要记牢，希望大家都有健康明亮的眼睛！

附篇

朋友们，别着急，
故事还在继续——

笔记页